捨《す》てられるのを待《ま》っていた

きよもと ゆき

文芸社

も・く・じ

ぼくが「たく」になったわけ

ぼくはたしかに、そこにいたんだ。

ぼくがちょっと泣けば、お母さんがペロペロしてくれたんだ。

力強くてあったかい、お母さんのペロペロ。

ぼくはペロペロされて、おっぱいのんで、みんなといっしょにお母さんのうえで寝るんだ。

そうだ、みんなもいたんだ。

ぼくの兄弟たち。とても仲良しなんだ。

いつもお母さんのとりあいをしてたんだ。ぼくはのろくて、いつも負けてばかりいたけれど、お母さんはちょいっと足を上げて、ぼくの場所をつくってくれた。ぼくはわざとゆっくりとこしをおろし、いっぱいおっぱいをのむ。そして、ふわふわと兄弟のおもさを感じながら、ねむるんだ。

ずっと、このままだと思っていた。

ずっと、この時間がつづくと思っていたんだ。

10月のある日、ぼくはひょいっと持ち上げられ、タオルにくるまれた。でこぼこする所に置かれ、ガシャンとゆれはじめる。シャカシャカシャカシャカ、チリンチリン……。

ぼくはゆれる。すこし気分が悪くなったころ、キキッととまった。ぼくの入ったタオルがまた持ち上げられ、そして下へおろされた。

シャカシャカが遠ざかっていく。ぼくはしばらく耳をすましてから、ちょっと動いてみた。やけにさむい。タオルから顔を出してみた。ぼくは外にいる。ピューッと風が吹いている。

ここは外だ。ぼくは外にいる。急にこわくなって、お母さんを呼んだ。お母さーん、みんなー、どこにいるの。

ぼくが「たく」になったわけ

ぼくはここだよ、さむいよ、はやくむかえにきてよ。お母さーん、お母さーん……。

「まあ、ねこが捨てられている」

人の声がした。ぼくはタオルにかくれた。

「ほんとだ。どうしよう」。女の子の声もする。

「どうしよう」。もう一人いる。女の子たちはタオルごとぼくを持ち上げ、ワシャワシャ音のするフクロにぼくを入れた。

「どうしよう」といいながら、フクロをゆらす。やめてくれ、おろして。ぼくはさけんだ。お母さんがぼくを見つけられなくなる、お母さん、お母さーん。

シャカシャカシャカシャカが近づいてきた。

よかった、これで帰れる。シャカシャカがとまり、知らない女の人の声がした。

「どうしたの？」「子猫が捨てられていたの」「目がわるいみたい」。いったい何の話をしているんだ、おろしてくれ、お母さーん。

女の子は女の人としばらく話をしてから、ぼくの入ったフクロを女の人にわたした。ぼくはシャカシャカシャカにゆられながら、お母さんの所へ帰れると思っていた。

ついた場所は温かいけれど、いろんな動物のにおいと、いろんなヘンなにおいのするイヤな所だった。ぼくはフクロから出され、台の上へ置かれた。「450グラム」。知らない男の人の声がする。男の人はぼくの身体をあちこちさわってくる。ぼくはかみついてやろうとしたけれどダメだった。

センテンセイガンケンケッソンショウ……。モウマクハクリ……。シッメイ……。イッショウ……。ショブン……？

ずいぶん長い間話し

あっている。女の人は、時々ぼくの頭をさわろうとする。ぼくはさわらせない。お母さーん、呼んでみても返事はない。

ぼくはまたシャカシャカシャカにゆられ、どこかへつれていかれた。「ただいま」。ここが女の人の家だとすぐにわかった。タオルをしいた段ボール箱に入れられた。

ぼくは、とてもつかれていた。おなかもすいていた。ミルクのにおいがした、でもそれは、皿に入っていた。でも

ぼくは、いっきにのんだ。

お母さんはいない、呼んでもお母さんに聞こえない。それだけはわかった。ぼくはねむった。

ゆめならさめますように……。

しばらくして「お帰り」と聞こえた。

「ねこ、どこ？」。また知らない男の人の声がした。この家の主人だろう。

「どうするんだよ」「どうしよう」。女の人と男の人が話している。ぼくのことなのだろうか。ぼくは〝どうしよう〟なのだろうか。

二人の声が頭の上でした。男の人がぼくをさわろうとした。ぼくはよけた。そしていってやった。さわるな！

抱き上げられ、両目にちょっとしみる水とベタベタするものをぬられた。またミルクがきた。皿に入ったミルクはのみにくい。ちょっと鼻に入って、くしゃみをしたら、笑われた。やわらかいごはんももらえた。おいしかった。

男の人がトイレをつくってくれた。女の人がぼくのおしりをつんつんして、おしっこを出してくれた。うんちもした。ほめられた。頭をなでられるのはきらいだ

けれど、鼻の頭をポリポリされるのは、まあ、わるくはない。

ぼくのへやがきた。ベッドがあって、大きなトイレつきだ。トイレは気に入った。夕方、女の人と男の人が帰ってくると、ごはんをくれて、あそんでくれた。

ぼくはふたりのひざでねむることもあった。夜はひとりぼっちになるけれど、朝、ぼくが呼べば温かいミルクつきのごはんがもらえた。毎日、なんかいも、しみる目の水とベタベタするのをぬられるのは、好きにはなれないけれど、この生活はわるくはなかった。

女の人と男の人はぼくをチビとか、こぞうってよんだ。

この家にきて一週間くらいたったある日、ぼくを、ワ

ぼくが「たく」になったわけ

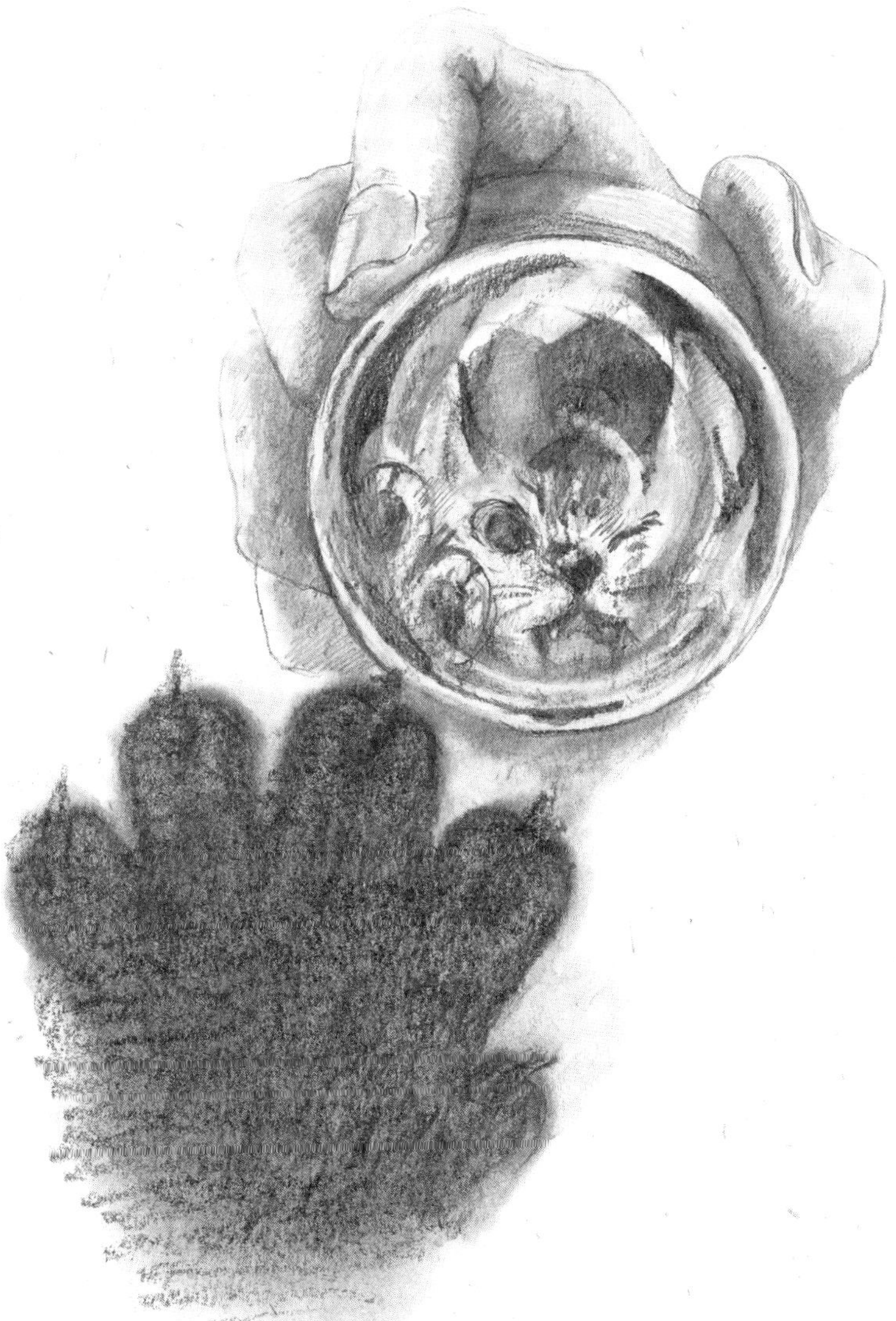

シャワシャ、フクロに入れてゆらした女の子が、ぼくをたずねてきた。ぼくは少しきんちょうしたけれど、だっこされたり、あそんだりした。その女の子はぼくに名前をつけてくれた。

「たく」。

女の人と男の人はてれくさそうにそう呼んだ。

ぼくもてれくさかった。

お母さん、ぼくの本当の名前はなんですか。

お母さんがこいしくなるときもあるけれど、今はこの女の人がお母さんで、この男の人がお父さんだと思っています。

ぼくが「たく」になったわけ

こうしてぼくは、この家の「たく」になった。
どんどん「たく」になっていった。

捨《す》てられるのを待《ま》っていた

捨てられるのを待っていた

私は、はじめて人の悪意にふれた。

それは去年の夏、仔猫を飼いたいと思ったことがきっかけだった。

我が家には十二歳になるメス猫がいる。

その猫は食事とトイレは必ず家へ帰ってするような、神経質で内向的な一面と、外で野良の友達をつくる社交性を持っていたが、年を取るにつれ、外出の回数が減り、ストレスを溜めているように思えた。仔猫の世話をさせ、生活にハリを与えれば改善できるのでは？と考えたのである。

それ以上に、単に私が仔猫を可愛がりたかったほうが動機としては強い。

しかし、お金を出して買ってくるのは抵抗があるし、野良の親がいる仔猫を家へ連れて帰るのも気が引ける。そこで、何かの縁があれば飼う

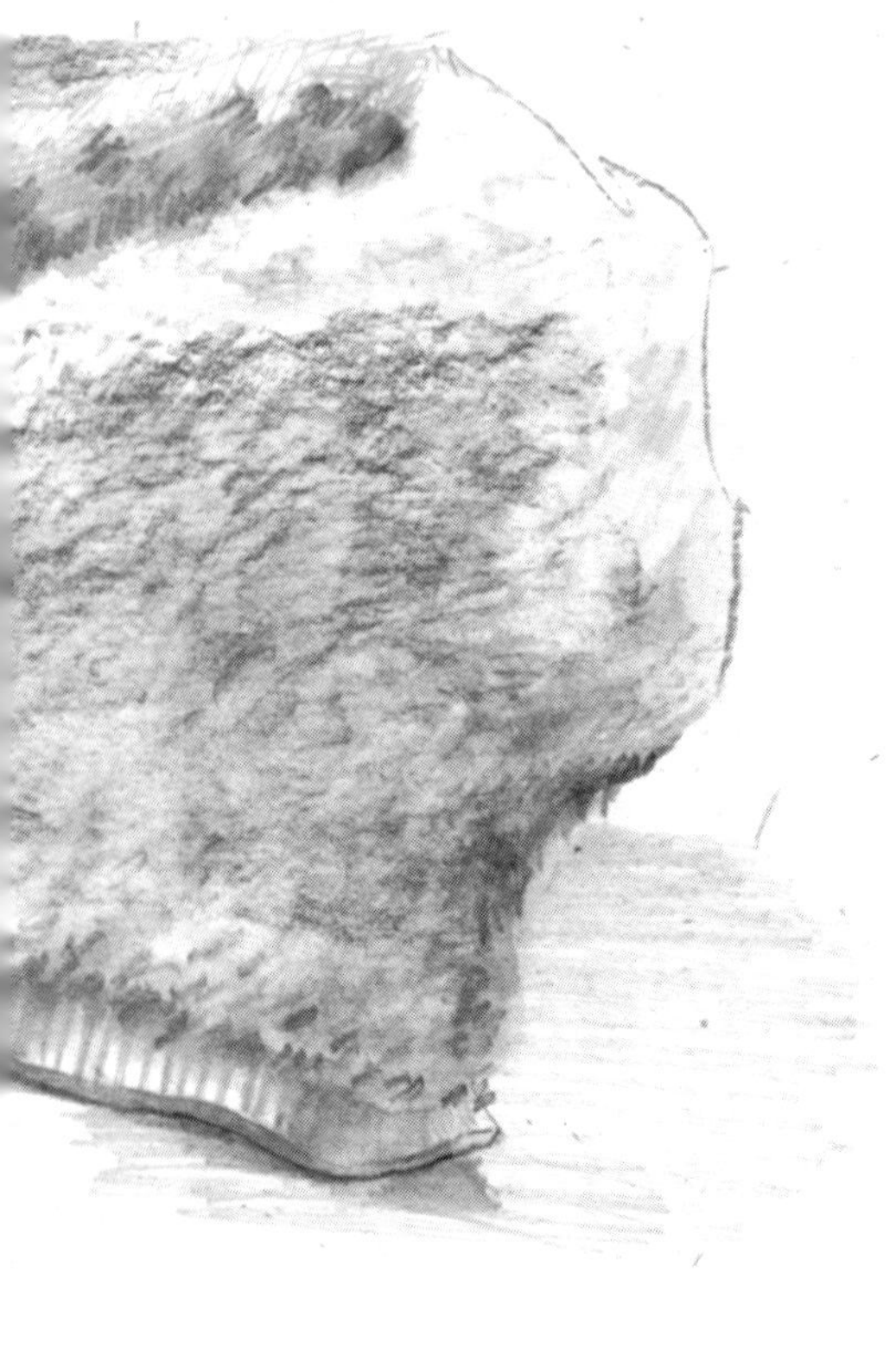

心づもりでいることにした。

十月、その縁はやってきた。捨て猫を拾って困っている小学生の女の子と出会ったのだ。私はその子に連絡先を教え、仔猫を引き受け、動物病院へ連れて行った。顔は目やにでぐちゃぐちゃだったが、模様は黒っぽい縞で、とてもきれいな子だった。たとえ家で飼えなくても、すぐに里親は見つかるだろうと思った。

その考えは、甘かった。

動物病院ですぐに両眼瞼欠損症といわれた。

「はあ？」

生まれつき「まぶた」がなかった

のだ。

「それと……」と、先生は続けた。

「右目は萎縮して見えていないだろう、左目も白内障と緑内障を患っていて、視力があるか疑わしい」

たしかに、きれいに洗ってもらった仔猫の顔を見ると、右は小さな目が少し見えるぐらいで、穴がぽっかり開いているだけ。左は目ではなく青白い玉が、はまっているように見えた。

歯がはえ、耳は立っている。生後約一カ月。痩せているが元気。初乳は飲んでいるようなので、捨てられるまでは親猫といた。タオルに包まれ、ゴミ集積場に置かれていた状況を考えると、この目が原因で飼い主が捨てたことは容易に想像できた。

手術でまぶたを再生させることはできる。抗生物質の点眼と眼軟膏を処方され、専門医を紹介してもらい、猫を連れ帰った。

私は専門医に診てもらえば、多少の時間とお金はかかっても治ると思っていた。

治ったら、あの場所に、

「捨てた方へ　こんなに元気です」

と、張り紙をしてやろうと思っていた。

しかし、治るものではなかった。

「おそらく産道でヘルペスウイルスに感染し、網膜剥離を起こしている。右目は完全に萎縮し、器質的に変化しているため、治しようがない。左も重度の白内障で、レーザー治療はできず、緑内障のため眼圧が上がり、いつ破裂してもおかしくない状態です」

元気に動き回っているので、多少は見えていると思っていたが、医学的には完全失明だった。

このとき、私には三つの選択肢があった。

ひとつは、環境を整えて飼うこと、

もうひとつは、保健所に連絡し、処分すること、

そして、元の場所に置いて来ること、

である。

三つめの選択肢はすぐ打ち消された。

元の場所に置いて来ることは、「運が良ければ生きててもイイよ」という意味であり、「べつに死んでもイイよ」という意味でもある。障害のあるこの仔にとって、即、「死」だろう。

私はそんなことはできない。

ここまで考えたとき、私の心に鳥肌がたった。悪意がそこにある。この小さな身体は人の悪意を受け、今、私の手の中にいる。それは仕事で誰かを陥れたり、陰口やいじわるといったものではなく、「いなくなってくれ」という願いだ。殺すよりも残酷で、自ら手を下さずにすみ、自責の念と、自分の罪を軽くしようといった「自分の前から消えてくれ」「この世からいなくなってくれ」「自分の見えない所で死んでくれ」という身勝手な願い。

おそらく捨てた飼い主も治らないことを知っていたのだろう。

テレビで虐待や虐殺を知り、怒りを感じていたのは、しょせん他人事だったのだ。たかが猫である。しかし、この小さな身体は生まれてきたことを否定された。

ただ、生まれてきただけなのに、「いなくなってほしいもの」にされた。

自ら保健所に連絡し、安楽死をさせるほうが捨てるよりも、飼い主としての責任を果たしたといえるのではないか。

いや、死んでしまったらそれまでである。

この仔にとって、我が家にとって、どちらが良い選択なのであろうか。目が見えず、家の中でさえ壁にぶつかり怪我をする。エサ場にもたどりつけない。通常の猫としての生き方はできないであろう。

捨てられるのを待っていた

なにより、今後どのような病気を発症するか、わからないのである。将来、苦しむことがあるなら今いっそ……とも考えた。


自分はこの小さな命の運命を握っている。

なんで、こんな仔を拾っちゃったんだろう、って、おい。私は縁があればといいながら、どこかに捨て猫がいないか探していたじゃないか。

私は捨てられるのを待っていたじゃないか。

待っていたものが来ただけだ。

そんな自分に気が付いたとき、ショックだった。

私は捨てた人間とどう違うのだろうか。

捨てた人間とそれを待っていた人間。

同罪ではないか。

捨てた人を責めることはできない。

そして、ここでこの仔を手放すことは、それ以上の罪ではないか。

罪ならば償わなければならない。

この仔の障害は誰の罪でもない。この仔自身が償わなければならないことでもないはずだ。


仔猫は、タオルの上で丸くなり、青白い左目が開いたままで、小さな寝息をたてている。

私は不幸な命を待っていたことを反省した。

私は拾って救った人間になろう。

この仔を生かし、共に暮らそう。不安はある。

自分の生活が変わるだろう。お金もかかるだろう。生きていくことは、この仔にとってつらいかもしれない。でも、楽しいことや、好きな物を増やしていけるようにしてやろう。

たとえ短い命になったとしても「まあ、悪くはなかった」と思えるように、努力をしてやろう。


そう私は、決心と覚悟をした。


あれから半年。450グラムだった仔猫は、4キロに成長し、大きな病気もせずとても元気だ。目は光さえも感じなくなってしまったが、器用に走り回っている。

好きなものは、キリンのクッションと丸めたスーパーの袋。

嫌いなことは、一日四回の眼薬。

楽しいことは、いたずら各種。

ぼろぼろになったソファーを見ては、ため息をつく毎日だが、日々成長する姿を見て、顔がほころぶ。

たかが仔猫の小さな命に、いろいろなことを教えられた。

どうか、このまま元気に過ごせますように……。

著者プロフィール

きよもと ゆき

1972年生まれ
猫好き……
現役ナース
東京都荒川区在住

〈登場猫物〉
たく
2003年生まれ
人好き……
趣味・勝てないケンカ

Illustrator　kanoto
韓国旅行中、著者と運命の出会いをして、今日に至る

捨《す》てられるのを待《ま》っていた

2005年3月15日　初版第1刷発行

著　者　きよもと ゆき
発行者　瓜谷 綱延
発行所　株式会社文芸社
〒160-0022　東京都新宿区新宿1－10－1
電話　03-5369-3060（編集）
03-5369-2299（販売）

印刷所　株式会社フクイン

ISBN4-8355-8531-3